科学在你身边
KEXUEZAINISHENBIAN

时间

北方妇女儿童出版社

前　言

　　时间是宇宙运行的重要部分，科学家认为时间就和长度一样，是可以被测量计算的。

　　古时候，人们日出而作、日落而息，只能粗略估算工作时间，他们通过太阳的东升西落发明了各种计算时间的器械。比如利用太阳投射的影子来测定时刻的圭表、日晷等。

　　16世纪，伽利略发现了摆的等时性。这一原理后来被应用到了时钟的改良设计上，人们因此发明了更加精确的机械钟。到了20世纪，出现了原子钟。原子钟是利用原子有规律的振荡设计而成的。它能准确地测量时间，每年的误差率只有几千分之一秒。

　　精确的时间会使我们的生活井然有序，它不仅能够提醒我们按时起床、吃饭、上学、上班、睡觉等，还能帮助确定航海位置、两个事物之间的距离等。想象一下，当世界没有了获取时间的计时器，我们的生活会变成什么样子？打开这本书，你将会了解到有关时间的一切奥秘。翻开下一页，展开新奇而有趣的时间之旅吧！

目 录
MULU

什么是时间

清晨，一觉醒来，我们会习惯性地看看钟几点了，然后确定是再睡一会呢，还是起床开始一天的学习或工作。在一天之内，我们都会时不时地看看表，根据表上的时间，我们就知道是不是该吃午饭了，该回家了，或者该去收看自己喜欢的电视节目了。

生活中的时间

生活中，每天都会在特定的时间里发生一些事情。比如，早上，人们一起床就去上班或者上学；中午，人们会放下手头的工作，去吃饭、休息；下午，当太阳落山，人们都会不约而同地往家赶。

↑ 早晨，我们先要补充营养早餐，然后按时去上班、上学。

↓ 时间对我们来说很重要，比如按时吃药。

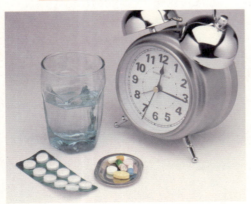

时间很重要

时间帮助我们井然有序地生活。它告诉我们什么时候该去干什么，什么时候会有什么事发生。比如，18点，我们就知道该去吃晚饭了；22点，我们该上床休息了。所以时间对我们非常重要。

时间是什么

　　直到今天，人们还不知道时间到底是什么。牛顿曾经认为时间就像流淌的河流一样，从无穷远的地方来，向无穷远的地方流去，也不会改变。而爱因斯坦认为，时间只是人类假想的事物，用来衡量自己身边的物体变化的。

↑ 科学家爱因斯坦

↑ 科学家牛顿

古人看时间

　　古代人们没有钟表，为了知道时间，他们通常依靠太阳，因为太阳每天都会从东方升起，从西方落下。所以，根据日出日落，人们掌握了粗略的时间概念。

↑ 在古代，人们根据太阳的变化掌握粗略的时间，早上太阳从东边升起，下午从西边落下，在中午时太阳几乎直射。

不会返回的时间

　　时间像流水一样，当它静静地从我们身边流走，就不会再来了，所以世界万物都有老去的那一天。时间是我们每个人一生中最宝贵的资源，我们应该在有限的时间内，做更多的有意义的事情。"少壮不努力，老大徒伤悲"说的就是这个道理。

➡ 岁月流逝，时间一去不复返，我们都会变老。

地球和时间

　　每天，地球均匀转动一次，天上的星星东升西落一次，一天的时间也就过去了。地球是太阳系八大行星之一，按离太阳由近及远的次序为第三颗。地球自西向东自转，同时围绕太阳公转。地球自转与公转运动的结合产生了地球上的昼夜交替和四季变化。

地球的自转

　　地球绕着自己的轴心转动，就是自转。地球自转一圈，约需要24小时，所以我们将一天定为24个时段。六十多年前，天文台依靠地球自转来测量时间，然后把精确的时间（一般是整点时间）通过电台广播向人们传送出去。

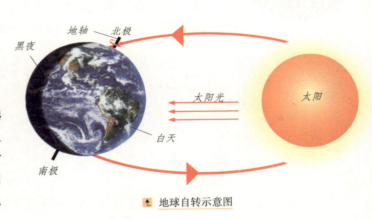

⬆ 地球自转示意图

⬆ 由于地球不停地自转，使地球上同一瞬间不同地方的时间不一样，中国是白昼，而美国却是黑夜。

地球的公转

在太阳系里，地球绕着太阳转动，我们把这个过程叫做公转。地球公转一周约需365天5小时，因此我们把一年定为365天。

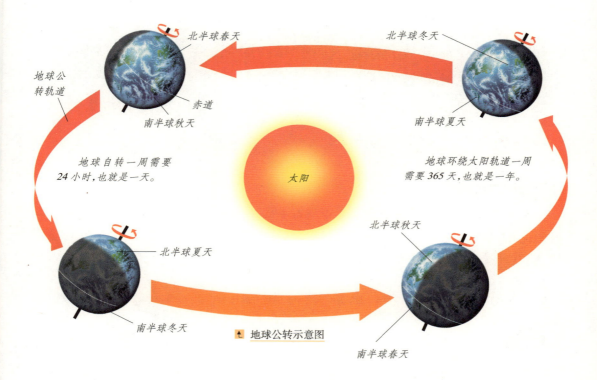

北半球春天

地球公转轨道

赤道

南半球秋天

地球自转一周需要24小时，也就是一天。

太阳

北半球冬天

南半球夏天

地球环绕太阳轨道一周需要365天，也就是一年。

北半球夏天

南半球冬天

北半球秋天

南半球春天

 地球公转示意图

闰年是怎么来的

由于地球绕太阳运行的周期是365天5小时48分46秒，人们便把余出来的这几个小时，每四年累积为一天，并把这一天加到2月末(即2月29日)，使这一年成为366天，也就是我们所说的闰年。公历年份是4的倍数的话，这一年才是闰年。

小 实 验

跟我来做一个小实验吧：拿一个球，用笔在球上画个小圆圈，代表自己的居住地，然后拿手电筒照它，并开始转动球，那个小圆圈就会一会儿在亮处，这就是白天；一会儿在暗处，这就是黑夜。做做看，你能得出什么结论？

地球的日长会改变吗

科学家发现地球越转越慢了。大约五亿年前，地球自转一周需要20小时，如今却需要24小时多。以此速度类推，等到两亿年后，地球自转一周约需要25小时。

时间有多久

在我们身边，有着不同长短的时间，早在古代的时候，人们就把时间区分开，分成长度不同的时间段，比如一天、一个星期、一个月或一年，这些时间段的区分对我们的生活有很大的影响。

上午和下午

在日常生活中，我们通常把一天中的白天分为清晨、上午、中午、下午和傍晚。一般来说，清晨是 6 点～7 点，上午是 7 点～11 点，中午是 11 点～13 点，下午是 13 点～17 点，傍晚是 17 点～20 点。

上午是一天之中人的精力最充沛的时候，学习效率会很高，而下午则可以安排上兴趣课。

一天是多久

在时钟钟面上，我们能看到 12 个刻度，时针走一圈就是半天，走两圈就是一天，也就是 24 小时。我国古代的人把一天分为 12 个时辰，一个时辰也就是现在的两小时。

星期和月

星期是古巴比伦人发明的，他们用太阳、月亮和五大行星代表天数，并轮回使用，一轮就是一个星期，一个星期为 7 天。人们还发现，月圆月缺要经历大约 30 天时间，于是就把月亮的一轮变化称为一个月。

一年

　　一年的时间很长，因此古代人花了很长时间才确定一年的时间。他们发现所有生物、天气都会轮回变化，于是就把这样的一个轮回称为一年。在很早的时候，人类就知道一年是 365 天多一点，于是就把一年定为 365 天。

不一样的一年

　　非洲的乌干达，一年是 6 个月，每年有多个雨季和旱季。在埃塞俄比亚，一年是 13 个月。前 12 个月，每月 30 天；第 13 个月，平年是 5 天，闰年是 6 天。公历 9 月 11 日是埃历的新年。

↑ 非洲乌干达

佛教国家

　　缅甸是信奉佛教的国家。佛教纪年始于佛的生日，据说佛诞生于 2500 年前。在缅甸，开始出现月亮到形成满月之间的这段日子就是一个月，也就是说，一个月只有两个星期，一年有 24 个月。

↓ 缅甸——佛教胜地

身体里的时钟

你知道吗？从你一出生，你的体内就有了许多可以测量时间的"时钟"。这个"时钟"就是我们常说的生物钟。例如作息时间会形成固定的"生物时钟"，让你习惯于什么时候入睡，什么时候起床。

有趣的生物钟

在非洲的密林里，有一种虫子，它每过一小时就变换一种颜色，在那里生活的家家户户就把这种小虫捉回家，按它变色来推算时间。这种虫子体内的"时钟"，就是我们所说的生物钟。除了动物、植物外，甚至连微小的细菌也知道时间。

→ 猫头鹰和大多数动物的作息时间不同。它们晚上出来活动，白天休息。

↑ 公鸡打鸣报晓

有趣的"鸟钟"

许多生物都存在着有趣的生物钟现象。在南美洲的危地马拉有一种第纳鸟，它每过30分钟就会"叽叽喳喳"地叫上一阵，而且误差只有15秒，所以，那里的居民就用它们的叫声来推算时间，这些鸟因此被称为"鸟钟"。

身体的不少功能都与一天的作息时间有关。跟我来做个小实验:准备体温表,早上醒来后,每小时测一次体温,然后把每次测量的体温记录下来。这样连续测量 5 天以上,你会发现你的体温在 24 小时内并不完全一样,早上 4 点最低,下午 18 点最高,相差 1℃多。

猫的瞳孔变化

猫眼睛的瞳孔在一昼夜中随外界光线强弱的周期性变化而发生变化。白天中午时刻,光照强烈,瞳孔缩小,呈上下竖直的一条线;夜晚光线微弱时,瞳孔充分放大呈圆形,其他时刻呈不同程度的椭圆形。

瞳孔放大成圆形

瞳孔缩小,几乎呈一条直线。

人体生物钟

人体内也有神奇的"生物钟",夜里 23 点～凌晨 5 点,机体处于休息及细胞修复状态。正常状态下,此时段大脑排除一切干扰,进入梦乡,细胞开始进行修复,直到凌晨 2 点除肝脏外,大部分组织器官基本停止工作。

当晚上处于休息状态时,身体几乎完全丧失活力,血压、脉搏、呼吸都处于最弱状态,供血量最少。

季节是大自然的时钟

季节对我们的生活产生很大的影响。预测季节的变换可以使我们知道什么时候耕种，什么时候穿什么衣服。季节的变换会影响许多生物的"生物时钟"，植物的成长、开花、结果、落叶，动物的繁衍都与季节有关。

什么是季节

季节就是一年中以气候的相似性划分出的几个时段。各国季节的划分方法有所不同，所以季节时段也不相同。

一年两个季节

伊朗和阿富汗有些游牧民族在春天来临时便从低地山谷迁徙到山上的绿色草原，到严冬时节，又返回谷中避寒。他们每年穿梭在山地和山谷之间，所以将一年划分成两个季节。

布谷鸟

很多动物也有"季节时钟"，每年6月前后，布谷鸟就会昼夜不停地叫着"布谷布谷"，提醒农人该是收割麦子的时候了。

↟ 每年收割麦子的时候就能听到布谷鸟的叫声。

↑ 春天万物复苏,呈现出一片生机勃勃的景象。

春季

春季是耕种的季节,北半球为阳历的 3、4、5 三个月,而南半球的春季则是在 11 月开始,如澳大利亚。春天气候温暖适中,我国大部分地区少雨,万物生机勃勃,气候多变。

↑ 炎热的夏天,很多人都喜欢去海边游玩。

夏季

我国的夏季从夏至(5 月 5 日～7 日之间)开始,到立秋结束,西方人则普遍称夏至到秋分为夏季。在南半球,一般 12 月、1 月和 2 月被定为夏季。气候学上则认为,连续 5 天平均温度超过 22℃算作夏季,低于 22℃表示夏天结束。

← 秋天是一年中的第三个季节,这个时候气温开始转冷,树叶开始变黄和掉落。

秋季

秋季是收获的季节,阴历为 7～9 月,阳历为 9～11 月,天文学上为秋分到冬至这一段时间。

↑ 白雪皑皑的冬天

冬季

当冬季到来的时候,气温会降到一年的最低点,动物和植物也产生变化以适应寒冷气候。在我们居住的北半球,冬季大约是在公历的 1、2、3 月。我国的冬季从立冬开始,到立春结束。

什么是寿命

世界万物从诞生到死亡前的这段生存时间，就是寿命。所有的生物都有自己的寿命，寿命长的可以生存上千年，而寿命最短的，比如变形虫，它的寿命则不到一昼夜。我们人类的寿命一般不到 100 年。

人的平均寿命

人与人之间的寿命有很大的差别，所以，在比较人类寿命时，通常采用平均寿命。一般来说，生活在富裕国家的人们，平均寿命超过 75 岁；而一些较贫困国家的人们，则可能只有 50 年的平均寿命。

⬇ 如今生活水平普遍提高，人均寿命一般都会超过 75 岁。

显微镜下的细菌。繁殖比较快，可是寿命较短。

细菌的寿命

一般来说，身体越小的生物，寿命越短，世代相隔的时间也越短。极微小的生物，如细菌、菌类等，就繁殖得很快，有的细菌每 20 分钟就可以繁殖出一代。

寿命计算

如今,很多物种已经消失了,但是通过研究这些生物的化石,科学家可以知道它们能活多少岁。比如,通过研究远古人猿的化石,科学家认为它们最多可以活 50 岁。

➡ 科学家研究始祖鸟化石,来推测始祖鸟的寿命。

寿命最长的动物

海龟早在两亿多年前就出现在地球上了,是有名的"活化石",也是目前世界上公认的老寿星了,据估计,它的最高寿命可达 1000 岁。

寿命最长的植物

世界上寿命最长的生物是树木,树木中寿命最长的是乔木,其次是灌木和藤本。乔木中,因种类不同,寿命长短差异很大。一般针叶树的寿命比阔叶树长,红松的寿命可达 3000 年,而巨杉可达 4000 年以上。

➡ 巨杉是所有树中最粗大的一种,寿命可达 4000 年以上。

年 轮

年轮也叫生长层，就是树干的横切面上的同心圆轮纹，通常每年形成一轮，所以叫年轮。年轮会告诉我们树木的年龄，以及从它出生后，周围所发生的许多事情，比如气候变化、地震、火山等，甚至还可能告诉我们未来将要发生的事情。

年轮记录气候变化

年轮可以让我们了解一个地区过去的气候变化。当天气干旱或寒冷的时候，树木长得很慢，年轮就比较窄；当气候温和、雨量充沛时，年轮就比较宽；而年轮上如果有裂痕，就说明这里过去曾经发生过火灾、地震。

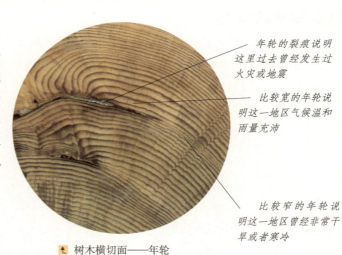

年轮的裂痕说明这里过去曾经发生过火灾或地震

比较宽的年轮说明这一地区气候温和雨量充沛

比较窄的年轮说明这一地区曾经非常干旱或者寒冷

↑ 树木横切面——年轮

↑ 从树木的年轮可以看出曾经发生过干旱、火灾、地震等自然灾害。

年轮的产生

年轮如此奇妙，它是怎么产生的呢？原来，植物每一年都会长粗，以支撑自己的身躯，于是上一年是树皮的部分会变成木心，这层木心与前一层木心不一样，自然就形成了分层，这样就产生了年轮。

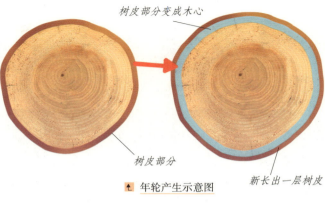

树皮部分变成木心

树皮部分

新长出一层树皮

⬆ 年轮产生示意图

⬆ 松果能随着不同的气候变化而开合，当天气干燥时，松果的鳞片会打开；如果松果的鳞片紧闭，说明马上就要下雨。

弗里茨和年轮学

现代年轮学起源于生物学家弗里茨在亚利桑那大学的研究工作。弗里茨和他的同事仔细考察了塔克森附近一些树的生长过程，他们给树枝乃至整棵树都套上了塑料膜，以断定一棵树究竟摄取和放出了多少各种各样的气体。经过十个寒暑的工作，他们终于详尽地了解了一环年轮生长的全部过程。

小 实 验

找一段已经枯死并被锯开树干的树木。你可以用一个小型的放大镜来观察这株树的年轮，看看它到底多少岁了。并找找看，在它的生长过程中，有哪几年比较温暖潮湿，哪几年比较寒冷或者干旱。

贝类的"年轮"

贝类的贝壳上也有"年轮"，不过人们把它叫生长线。生长线是贝类生长周期的标志，通过生长线，我们可以知道贝类的年龄。比如蜗牛的贝壳上就有同心圆的线纹，就是它的生长线。

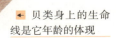

⬅ 贝类身上的生命线是它年龄的体现

古代计时

远古时期，人类以太阳的东升西落作为时间尺度。根据日出日落，人们劳作、用餐和睡觉。春天到来的时候，人们开始准备耕种，而清闲的过冬期便成了这一年的自然终结。公元前2世纪，人们发明了利用日影测得时间的日晷，一天差15分钟。

"一炷香的工夫"

在古代，人们缺少精确的报时手段，经常用燃香的方式来计算时间。古装戏里，我们常常会听到"一炷香的工夫"，剧中人物就是用香烛来计算时间的。

↑ 沙漏是古代一种计时仪器

沙漏

沙漏又叫沙钟，是一种计算短时间的计时器。比如，以1小时为一个计算单位，当沙子从其中一端通过细孔慢慢地漏到另一头，就表示已经过了1小时。当沙子漏完后，将沙漏颠倒过来，就可以开始计算另一个小时了。早在公元1世纪，罗马人就采用沙漏计时。中国最著名的沙漏是1360年詹希元创制的"五轮沙漏"。

➡ 古人用香来计时，所以才有了"一炷香的工夫"这个说法。

水钟

　　人们在雅典等城市中发现了约公元前35年建造的水钟遗迹。大约11世纪，阿拉伯工程师在西班牙的托莱多建造了一个大水钟，钟上有两个容器，月圆时水会慢慢注满，月缺时会慢慢排干。这些水钟结构精巧，历时百年而无须校正。

⬆ 水钟是整个古代世界报时的一种方式

⬆ 蜡烛是古代计时的一种方法

烛光计时

　　许多世纪以来，人们用蜡烛做成蜡烛钟来计算时间。据说，蜡烛钟是9世纪英格兰国王阿尔弗雷德发明的。人们把蜡烛划分成若干部分，如果一部分燃烧完了，就说明一个小时过去了。

船钟

　　在过去，船上都配有船钟，每隔半小时摇响一次。在海上，每天被分为6更、每更4小时的值班，船员在当班时必须按时摇响船钟。

　　➡ 船钟是用来在海上计时的，有了时间，船员们就知道航行的大概日期了。

白天和夜晚计时

在很久以前，人们就开始研究计时的方法。天文学的发展使人们知道了更加精确地测量时间的方法。白天，人们靠测量太阳照射竹竿投在地上的影子来判断时间。而夜晚，在我国广泛流行的是打梆报时，用间断的梆声告诉人们时间，而西方则普遍是用教堂的钟声来报时。

圭表

圭表是我国最古老的一种计时器，是利用太阳射影的长短来断定时间的。它由两部分组成，一部分是测日影的标杆或石柱，叫做表；一部分是测量表影的长度和方向的石板尺子，叫做圭。

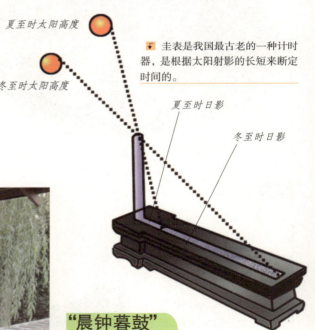

夏至时太阳高度

冬至时太阳高度

🔸 圭表是我国最古老的一种计时器，是根据太阳射影的长短来断定时间的。

夏至时日影

冬至时日影

🔺 古代用敲钟来报时

"晨钟暮鼓"

古人用圭表得出时间后，为了让大家都知道，便击鼓报时。但是鼓声传播的范围有限，为了使报时的声音传播得更远，人们把铜钟越铸越大，并修建了更高的钟楼与鼓楼相对，早上敲钟，晚上击鼓。

日晷

日晷又称日规，是古代人利用太阳投射的影子来测定时刻的计时器，一直沿用到 600 年前。世界上最早使用日晷的是巴比伦人，他们首次用日晷精确地测量时间，并把一年分成 360 天，每 30 天算一个月，一年共有 12 个月。古埃及人后来修改了这个历法，把一年增加到 365 天。

↑ 日晷是古人利用日影测得时间的一种计时仪器

夜晚打更

打更是我国古代的一种夜间报时方法，人们听到更夫的打更声，便知道了时间。一个晚上一般打 5 次更：头更（晚上 7 点）、二更（晚上 9 点）、三更（晚上 11 点）、四更（凌晨 1 点）、五更（凌晨 3 点），而每次打更的速度和次数也都是有讲究的。

↑ 打更是古人晚上的报时器

西方教士的需要

在西方，一千多年前，教士认为准时进行每天的仪式活动十分重要，必须知道确切的时间。13 世纪时，机械钟发出第一声响，通知教士们齐聚祈祷。这种钟是为了让人听到，所以没有指针，只有铃铛。

↑ 西方教士们在教堂祈祷时，使用铃声来报时。

什么是历法

简单地说,历法就是人们对于年、月、日、时的安排。是人们依照地球、太阳以及月球的相互运行关系,把一年区分成较小的单位的一种系统。地球环绕太阳轨道运转一周需要 365.2422 天,月球环绕地球轨道运转一周需 29.53 天。

古巴比伦人的历法

古巴比伦人在天文历法方面也有很高的成就。他们把握月亮圆缺的周期性变化,把每个月定为 28 天,并把 28 天四等分,以 7 天为一个星期,这就是一个星期 7 天的由来。这个历法叫做太阴历(即阴历)。星期的划分,一直延续到今天。

古埃及人的历法

原始的阳历是古埃及人创立的。古埃及的历法将每年分为三个季节:泛滥季、长出五谷季、收割季。同时以 365 天为一年,一年 12 个月,每月 30天,年终另外再加 5 天作为节日。古罗马的儒略历就是在此基础上修订的。

◄ 古巴比伦的历法记录

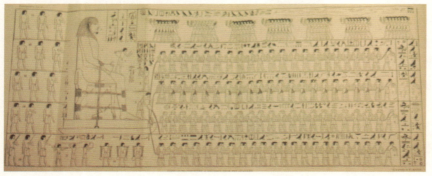

◄ 古埃及人和历法记录

古代中国的历法

　　传说，我国在黄帝时代就已经有了历法。我国成文的历法从周末到汉初的《古四分历》开始，经过多次的历法改革，达到了相当高的科学水平，在世界天文学史上占有相当重要的地位。

⬆ 我国古代的十二生肖图表

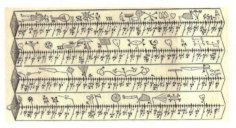

⬆ 儒略历书鉴

现在使用的历法

　　目前，全世界通用的历法称为公历，也就是阳历。格里历来自儒略历，儒略历是古罗马统治者恺撒大帝在古埃及历法的基础上制定的。1582年，罗马教皇格里高利十三世重新修改了儒略历，并增加了闰年，这个修正过的格里历就是我们现在通用的阳历。

⬆ 格里高利墓碑上的庆祝格里高利历法通过的场面

⬆ 格里高利教皇

　　⬆ 巨石阵是欧洲一座最重要的古迹，建于大约公元前1800年，摆成一行，接受仲夏日升的光芒。多数人相信，星学祭司们使用巨石阵预测太阳和月亮的活动，也预测什么时候发生日食与月食。

 # 科学家眼里的时间

对于时间，你是怎么理解的呢？在科学家眼里，时间是宇宙运行的重要部分，他们认为时间就和长度一样，是可以被测量计算的，但是我们只能从物体的运动中感知到时间的存在和运动。

时间间隔

时间也是有间隔的，比如从中午12点到下午1点，就间隔了一个小时。在我们日常生活中，钟表可以测量的最短的时间间隔是1秒，但是在一些比赛用表上，可以显示比1秒更小的时间间隔。

周期运动

如果你仔细观察，就会发现许多现象是重复发生的，比如你的脉搏有规律地跳动，太阳升上来又落下去，这些运动都可以称为周期运动，它们都可以用来表示时间。

秒表比普通表更精确，一些体育项目，比如赛跑常常会用到它。

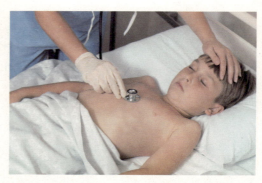

人在安静状态时，心跳应在 60 ~ 100 次／分。

秒的诞生

在惠更斯发现摆的周期和摆长的关系后,人们知道了该如何选取合适摆长的摆来安放在摆钟里,使摆能够精确走动和计时。在摆的原理被发现以后,秒才进入人类世界。

自己动手做一个摆吧。把一个小金属块绑在一条细线的一端,把细线的另一端绑在一个支架上,这样就做成了一个简单的摆。保持细线绷直,把小金属块向旁边拉一点,然后松手,让这个摆自己摆动,看看它每次摆一个来回需要的时间是不是一样的。

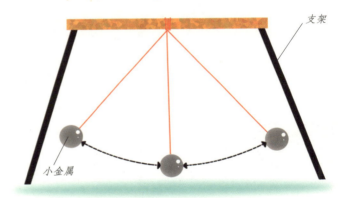

支架

小金属

▲ 小实验示意图

变化的时间

在历史上,时间标准曾经发生过许多次变化,这是因为随着科学技术的进步,旧的时间标准不能满足使用了。如今在我们日常生活中,秒是最小的时间单位,钟表上的秒针走一步就是1秒。但是在科学家的实验室里,科学家需要更精确的钟表来计算时间。

➡ 爱因斯坦很珍惜时间,他不喜欢参加社交活动与宴会,大部分时间都用在实验室里。

距离和速度

　　每天，你都要从家里走向学校，这段路程有多远，花费多久的时间可以走完，你做过计算吗？其实，我们这里所说的路程就是距离，你走的快慢就是速度。现在，让我们一起去了解关于距离和速度的知识吧！

距离是什么

　　距离就是事物在空间或时间上的相隔。空间上的相隔就是两个物体之间的长度；时间上的相隔就是时间的长度，如，上午6点～9点，中间相隔三个小时，这就是时间上的距离。

➡ 跳远运动是用距离来衡量成绩的

长、宽和高

　　生活中，我们用的学习桌，你可以测量出它的长度、宽度和高度。其实，所有物体的长、宽、高指的就是物体空间上的距离。

速度是什么

在田径运动场上，当裁判一声令下，运动员们会不约而同地向目标冲去，这时我们会看到，有的运动员跑得非常快，而有的却落在了后边，这个快慢就是我们所说的速度。速度就是衡量物体运动快慢的标准。

⬆ 在田径运动场上，由于每个人的速度都不一样，所以就会拉开距离。

快和慢

我们都听过龟兔赛跑的故事，乌龟跑得慢，小兔子跑得快。其实，就是说乌龟的速度慢，小兔子的速度快。在生活中，还有更多的和快慢有关的例子，比如，汽车和自行车。

用时间测量距离

能想象用时间来测量距离吗？假设有道光束从地球发射，到达月球表面后再反射回地球。测出光束来回所需的时间，再计算出月球与地球的间距。从中我们可以知道，距离越长，用的时间越长。

计时单位

物体的运动变化都要经历一段时间，怎么知道经过了多长时间呢？这就需要为时间规定一个单位。我们的生活离不开时间的测量，在国际单位制中，时间的单位是秒(s)。另外，还有分和小时等。在科学技术中，还常用毫秒等时间单位。

最小的时间单位——秒

秒是时间的基本单位，也是我们生活中常用的最小的时间单位。最常见的测量时间的工具是各种钟表，以指针的运动或数字来表示时间，比如运动场上的电子计时器。

➡ 游泳项目是用秒表来计时的

小 实 验

一分钟你能做什么呢？找来一块手表，一支笔和一个本子，数一数自己一分钟心跳多少下，在本子上记录下来；看一看自己一分钟能读多少段文章，并做记录；想一想，过马路的时候，如果迟过一分钟会怎么样？你会不会因为早上多睡了一分钟，没赶上公共汽车？

"分钟"是什么

在时间单位中还有一种叫做"分"的单位，在数值上，1 分钟等于 60 秒，就是秒针走一圈用的时间。

小时可不"小"

比"分"更长的时间单位是小时,作为我们生活中常用的时间单位,一小时有60分钟长,换算成秒就是3600秒。

↑ 用一个半小时我们可以看一场足球赛

一天有多少小时

一分钟等于60秒,一小时等于60分,一天等于24小时。

→ 一天24小时,相当于表面上最短的针在表面旋转两圈。

精确的计时

生活中,我们常用钟表计时。物理实验室中,一般用秒表(停表)来计时,可以精确到0.1秒,而现在运动会电子计时系统可以精确到0.01秒,科学实验中运用的计时仪器还可以精确到几十万分之一秒,甚至更小。

↓ 在运动场上,尤其是短跑,分秒必争,所以运动场上的计时仪器就要求非常精确。

时间进制

在学数学的时候，老师会告诉我们一种叫做十进制的计算方法。也就是每当数字满 10 的时候就会进位。例如 19 加上个位数 1 就要进位到 20。时间的计算也是如此，不过时间用的不是 10 或者 100，而是 60。这个规矩早在数千年前的古巴比伦时期就已经被广泛应用，并沿用至今。

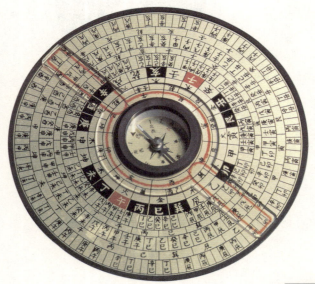

↑ 我国古代用天干、地支来计时

古老的时间进制

在我国古代就用天干、地支的计算方法来计算时间，比如1911年是辛亥年，爆发的革命就被命名为辛亥革命。一些人认为天干、地支最初的六十甲子也许就是今天时间六十进制的来源。

古巴比伦人的贡献

最早的文字记载显示，距今四千多年前的巴比伦人就开始使用六十进制。巴比伦人把 75 表示成"1，15"，这和我们把 75 分钟写成 1 小时 15 分钟是一样的。

↑ 古巴比伦人在天文历法方面有很高的成就

表示小时
表示分
表示秒

⬆ 当前时间为 2 小时 19 分 27 秒,当秒数到 60 时就向分钟进一位,分钟满 60 分时就向小时进一位。

小 故 事

时间用六十进制来划分,有好多有趣的故事。据说,尼西亚(今土耳其)数学家喜帕恰斯(公元前 190—前 120 年)被认为是当时最伟大的天文学家。他把圆分成 360 度,每一度又细分成 60 分,以此作为三角学的基础。为了方便,人们就把时间也用六十进制划分。

东西方的差异

自古以来,我国最吉利的数字是 5 和 9,而古罗马帝国是 6 和 0。所以在很久以前,古罗马帝国时间就是六十进制。由于帝国间商人的文化交流,这种方法因而被采纳,至今还在使用。

二十四进制

由于地球自转一周的时间是 23 小时多,为了计算方便,科学家将一天定为 24 个小时以方便计算时间。这就是二十四进制的来历,科学上所谓的一天的开始指的不是早晨,而是午夜的零点。

六十进制

一小时等于 60 分,一分钟等于 60 秒。六十进制是目前为止使用的最科学,也是最通用的时间进制方法。六十进制在不少领域内都有应用,除了我国的天干、地支纪年法外,还有时间、角度等。

⬆ 在几何学的角度制中,1 度等于 60 分,1 分等于 60 秒,这也是运用了六十进制。

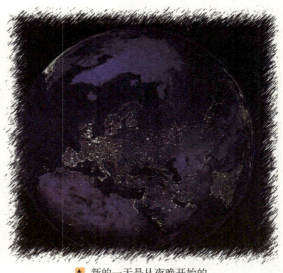

⬆ 新的一天是从夜晚开始的

时刻表

在乘坐火车的时候，我们都需要用到列车时刻表。什么是时刻表？时刻表就是一种安排交通运行的方法。比如：公共汽车时刻表、飞机时刻表、渡船时刻表以及火车时刻表。时刻表上有发车时间、到站时间和列车车次等。

分配"时间"

在忙碌的生活里，如果我们能合理分配时间，并且有规律的生活，不但可以节省时间，而且对身心都有好处。比如，早上 7:00 起床，中午 12:00 吃饭，13:00 午休，17:30 吃晚饭，21:30 入睡。

↰ 红绿灯有规律的变化使我们的交通井然有序

⬆ 从小应该养成早睡早起的习惯，遵守作息时间。

红绿灯的变化

你发现没有，当我们要过一个非常繁忙的十字路口时，往往都是以红绿灯的时间间隔来判断是不是应该穿过马路。红绿灯守时的变化给我们提供了方便，减少了事故的发生。

学校作息时间表

学校的作息时间表是为学生活动所做的安排。你注意过学校的作息时间表吗？看看它是怎么安排的，在你看来，这样的时间安排是不是很合理，需要怎么去改善？

跟我一起做一张作息表吧。先准备好纸和彩笔，把你认为理想的作息时间写在一张草稿纸上，看看每堂课该安排在什么时间，然后就可以制作表格了。表格制作好之后，用彩笔把方格涂成不同颜色。先试用一段时间，看看这张作息表怎么样，有没有需要改进的地方。

小学春季作息时间表

预备	7:30
早操	7:55——8:15
第一节	8:25——9:05
眼保健操	9:15——9:20
第二节	9:20——10:00
第三节	10:10——10:50
预备	13:40
第一节	14:05——14:45
眼保健操	14:55——15:00
第二节	15:00——15:40
第三节	15:50——16:30

列车时刻表

列车时刻表是列车行驶及区间的最精确数据信息，可以让旅客以最简便的方法得到最全面和最有效的列车时刻及信息。

钟　表

我们现在想要知道时间，只要抬头一看钟，就能知道几时几点几分。可古人只能通过观察太阳照射竹竿投在地上的影子来确定时间。随着社会的发展，钟表出现在人们的生活中，成为现代人查看时间的工具。

钟表的种类

钟表的应用范围很广，品种非常多。按振动原理，可分为利用频率较低的机械振动（如摆钟）和频率较高的电磁振荡和石英振荡（如石英钟表）两种；按结构特点可分为机械式（如机械闹钟）、电机械式（如电摆钟）和电子式（如石英电子钟表）三种。

▲ 石英表

钟表的精确度

钟表要求走时准确，稳定可靠。但一些内部因素和外界环境条件都会影响钟表的走时精度。如温度变化会引起钟表内润滑油和摆轮游丝性能的变化，从而引起走时性能的变化。磁场和碰撞也会引起部分零件失衡。

▲ 摆钟

▲ 机械钟

钟表传入中国

300年前,欧洲的钟表传入我国,人们逐渐掌握了仿制钟表的技术。后来,随着钟表的广泛使用,钟鼓楼报时功能的重要性逐渐减弱。

在机械钟表出现以前,人们不知道秒是什么单位,认为最短的时间就是人眨眼的时间,所以人们形容一个物体运动的速度快,就会说"眨眼之间"这个物体就到达目的地。

钟表博物馆

北京故宫是中国明清两朝皇宫,也是中国最大的古代艺术品收藏地。故宫里有一座奉先殿,原来是清朝皇帝祭祀祖先的地方,如今,这里陈列着上千件各式各样精美的钟表,琳琅满目,是一座名副其实的钟表博物馆。

◄ 怀表

◢ 这是位于瑞士日内瓦的花钟,它的机械部件在地下,带动鲜花装饰的指针转动,表盘上的鲜花可以随着季节变换色彩。

钟表王国

瑞士号称"钟表王国",它的钟表业独霸全球达两个世纪之久,到了19世纪,日内瓦不仅成了全瑞士的钟表制造中心,而且还成为全欧洲同行们的领袖。直到今天,瑞士仍是钟表行业的领军者。

认识钟表

如今，在我们的生活中，钟表随处可见，必不可少。钟表是钟和表的统称。钟和表都是计量和指示时间的精密仪器，通常是以内部构造的大小来区别的。现代钟表的原动力有机械力和电力两种。

钟表结构

现在我们用的钟表大部分都是石英电子的。石英电子钟表主要以电池为能源，以石英振荡器为时间基准，以集成电路为核心，通过指针或数字来显示时间。

➡ 我们平时使用的时间是由小时、分钟和秒钟构成，比如右图中的时间是下午2时33分53秒。

数字标示

钟表表盘大多都是用数字来标示时间。数字标示就是把表盘分成12大份，每大份再分成5小份，每个间隔代表一定的时间段。

⬇ 当蓝色的分针走一圈时，红色的时针从"12"走到"1"。

时针

表盘上面以小时为单位移动的指针就是时针。你注意过没有？其实，时针就是在表盘上最粗最短的那个指针，在所有钟表指针中，它转动的速度是最慢的，时针转一圈就是 12 小时。

这段区域表示分针走一圈，时针走一大格。

分针

分针就是表盘上面以分钟为单位的移动指针，它的走动速度比时针快得多，分针转动一圈就是 60 分钟，也就是一个小时。

秒针

秒针就是表盘上最细的一根指针，以秒为单位。秒针转动一周就是 1 分钟。我们听到的"滴滴答答"的声音就是秒针发出的。

秒针　　　分针　　　时针

区域表示秒针走一圈，分针走一小格。

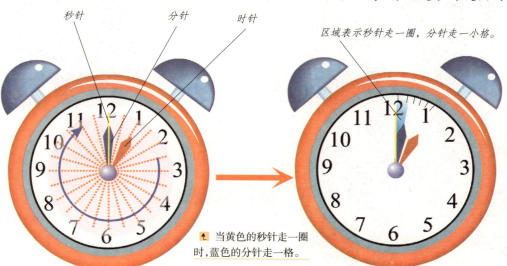

⬆ 当黄色的秒针走一圈时，蓝色的分针走一格。

什么是摆

摆是计时器制造过程中最重要的发现，它具有对一个定点来回规律摆动的特性。当它呈弧形摆动时，不论推动的力量多大或摆锤的重量有多重，来回所需的时间都是一样的。这种计时方式的发现，让钟表的设计有了突破性的发展。

伽利略的发现

伽利略是 16 世纪意大利科学家。有一次，他到教堂去做礼拜，忽然教堂里悬挂的吊灯被风吹得来回摆动，他按自己脉搏的跳动来计时，发现吊灯每次摆动的时间都是相同的。这就是著名的摆的等时性原理。

➡ 现在的摆钟大部分都保持以前摆钟的样式

⬅ 伽利略在教堂里观察吊灯的摆动

伽利略的启发

利用伽利略摆的等时性原理，人们制成了机械钟。我们现在看到的钟还有好多保持着这种钟的样式。

惠更斯的思考

　　继伽利略之后，荷兰天文学家惠更斯进一步确证了单摆振动的等时性，并把它用于计时器上，制成了世界上第一架计时摆钟。

　　← 惠更斯出生于海牙，自幼聪明好学，13岁时曾自制一台车床，表现出很强的动手能力。在数学家笛卡尔的影响下，他致力于力学、光学、天文学及数学的研究。他善于把科学实践和理论研究结合起来，透彻地解决问题，对摆的研究是惠更斯所完成的最出色的物理学工作。

计时摆钟

　　计时摆钟由大小、形状不同的一些齿轮组成，利用重锤做单摆的摆锤，由于摆锤可以调节，计时就比较准确。

↑ 惠更斯设计的摆钟

齿轮驱动

← 计时摆钟内部结构图，它由大小不同的齿轮组成。

小 实 验

　　准备一条细细的绳子、小铁锤、秒表。用绳子把铁锤绑起来，让摆可以自由运动，轻轻推动小铁锤，用秒表记下铁锤摆动十次所需要的时间。增加铁锤的重量，绳长不变，同样记录十次摆动所需的时间。增加绳子的长度，铁锤不变，重复上面的步骤。看看加长绳子或者加重铁锤会不会影响它来回摆动一次所需的时间？如果铁锤摆动的幅度减小，所需的时间是不是也会缩短？

摆锤时钟

几世纪以来，时钟都是用摆锤控制指针的运转。由于摆锤的控制，与指针相连的齿轮就会以平均速度转动。我们一起去看看摆锤时钟的设计原理吧！

什么是摆锤

摆锤就是一根长形棒子前端悬挂的一个金属坠子。对于摆钟来说，摆锤是主体部分，它能准确地控制时钟前进的速度。

◀ 摆锤是计时器制造过程中最重要的发现，它具有对一个定点来回规律摆动的特性。

▲ 摆钟的构造

➤ 陀螺木制的儿童玩具，形状像弹头，用绳子从尖脚绕向上部，再以尖脚朝地面抛下，快速抽拉绳子，陀螺就会直立起来以尖脚为中心旋转。

摆锤类似陀螺

摆锤还有一个有趣的性质，那就是类似陀螺的性质。陀螺是以轴为中心旋转，而摆锤却是按照其振动的方向做规则的振动。

摆钟怎么工作

带动摆钟的原动力来自摆锤。钟面上的指针为什么会向前移动？摆锤通过主轴控制着齿轮操纵器，齿轮操纵器控制齿轮上的齿，依次转动。齿轮由垂体控制，而钟表内的齿轮与指针被系在同一条线上，齿轮转动时就会带动指针向前移动。

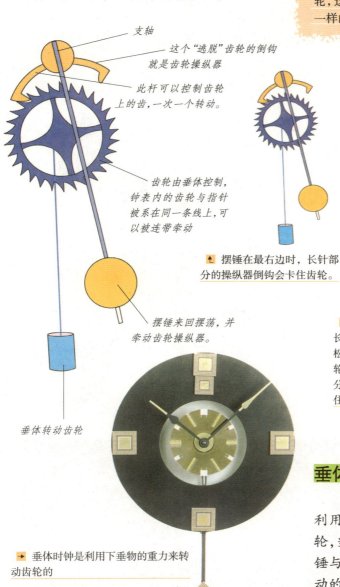

支轴

这个"逃脱"齿轮的倒钩就是齿轮操纵器

此杆可以控制齿轮上的齿，一次一个转动。

齿轮由垂体控制，钟表内的齿轮与指针被系在同一条线上，可以被连带牵动

摆锤来回摆荡，并牵动齿轮操纵器。

垂体转动齿轮

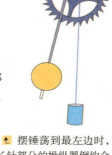

⬆ 摆锤在最右边时，长针部分的操纵器倒钩会卡住齿轮。

⬆ 摆锤荡到最左边时，长针部分的操纵器倒钩会松开，垂体的拉力会让齿轮往前滑动一齿，短针部分的操纵器倒钩随即卡住，不让它继续转动。

⬆ 当摆锤又荡回最右边时，齿轮又前进一齿，同时操纵器长针部分又卡住齿轮。

垂体时钟

什么是垂体时钟？垂体时钟就是利用下垂物（摆锤）的重力来转动齿轮，当垂体所受的重力转动齿轮时，摆锤与齿轮操纵器会联合工作，控制转动的规律。

➡ 垂体时钟是利用下垂物的重力来转动齿轮的

机械钟

直到几年前，我们惯用的计时器都叫做机械钟。你知道吗？机械钟已经有六百多年的历史了。17世纪时，人类将摆用于机械钟，使计时精确度提高了很多。机械钟发明后，很快就成为人类主要的计时工具。

机械钟表的结构

机械钟内部有一系列分别连接时针、分针、秒针的齿轮，它们的动力来源不是垂体就是游丝。用游丝所设计而成的计时器，尤其是手表，是一种最精密的机械制品。

什么是游丝

游丝是表的核心部件之一，是表的动力来源。它是钟表里的弹性元件，用来控制摆轮做等时往复运动。

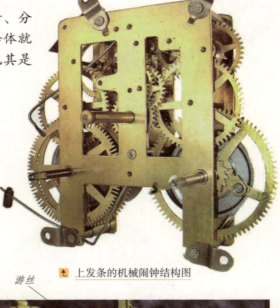

游丝

↑ 上发条的机械闹钟结构图

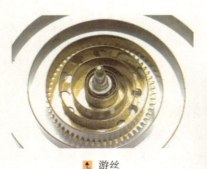

↑ 游丝

➡ 早期机械手表内部结构

谁发明了游丝

我们现在都认为荷兰的惠更斯是表的发明人，但到底是谁发明了游丝，还有一段小故事。1675 年，惠更斯宣布发明了游丝，并制成了靠游丝驱动的表，轰动一时。英国科学家胡克知道后暴跳如雷，说自己早在多年前就设计了游丝表，但是却没有人见到过胡克的表。

↑ 1695 年 7 月，惠更斯在海牙逝世。

↑ 现在的机械表普遍使用游丝，而且显示日期、时间更精确。

游丝钟

现在的机械钟表中，普遍使用游丝。惠更斯研究设计出游丝没过多久，就出现了能够自动报时的机械钟。1336 年公共时钟的出现，使机械钟第一次进入人们的日常生活。

钟面和指针

早期的机械钟钟面只有小时和刻的刻度，指针也只有一个。随着人们对计时精度的要求和技术的提高，分针和秒针被安装在钟面上，使机械钟能更精确地显示时间。装有钟面和指针的机械钟使人能更加直观地了解时间。

最早的机械钟

东汉时，张衡制造了漏水转浑天仪，用齿轮系统把浑象和计时漏壶联结起来，漏壶滴水推动浑象均匀地旋转，一天刚好转一周，这可能是最早出现的机械钟。

↑ 张衡发明的浑天仪

石英钟表

石英是地球表面上最常见的矿石。人们利用这种石英的结晶体的振动现象发明了石英钟表，使计时工具发生了革命性的变化。在我们的生活中，大多数现代钟表的心脏都是由石英晶体构成的。

石英晶体

将石英晶体运用在钟表上是一种现代的发明。石英表以其精确著称，成为手表行业革命性的突破。

▲ 石英晶体。石英是最重要的造岩矿物之一，在火成岩、沉积岩、变质岩中均有广泛分布。

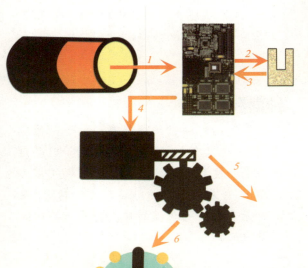

▲ 石英钟工作原理图

1. 电池电流
2. 电流刺激石英板
3. 石英板反馈信号
4. 电路板控制动力装置运动
5. 动力装置带动齿轮转动
6. 齿轮带动时针走动

石英钟怎么工作

石英钟的主要部件是一个很稳定的石英振荡器，石英振荡器受到电池电力影响时，会产生规律的振动，振动频率就可以带动时钟指示时间。石英晶体每振动一定次数，就会向电路传出信息，让秒针往前走一格。

精确的石英表

石英的振动相当规律,即使是便宜的石英表,一天之内的误差率也不会超过 1 秒。目前最好的石英钟每天的计时能准到十万分之一秒,也就是经过差不多 270 年才差 1 秒。

第一块石英表

1968 年,日本精工制表厂研发出世界上第一座石英墙壁挂钟,一年后,又研发出世界上第一块石英手表,并发现了如何将石英制成音叉的方法。

➡ 当石英晶体受到电池电力影响时,它也会产生规律的振动,所以石英表的误差特别小。

大量生产

石英晶体的应用使得手表可以大量生产,不但生产速度比以前快很多,价格也很便宜。每年大约可以制造五亿只手表,足以供全球使用。

原子钟

在生活中,我们最常见的测量时间的工具是各种钟表。你知道吗?还有比钟表更精确的钟,那就是20世纪50年代出现的原子钟。其实,原子本身就是相当准确的计时器。在我们身边到处都是原子,但是只有某些原子可以用做钟表。

微小的摆

在原子世界里,原子在变化的时候会释放出电磁波,这种电磁波的频率十分稳定。科学家利用这一原理,设计了精密的原子钟,使原子可以像"摆"一样显示时间变化。

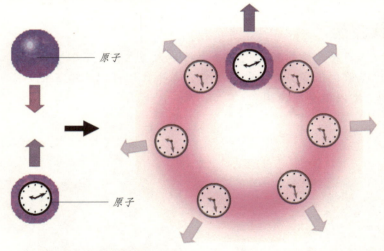

🔺 原子钟对科学家还有很大用处。科学家用一个原子去碰撞处于另外一个状态的原子,这时就会放出不连续的电磁波,原子钟可以精确地测量两个原子的相撞,告诉科学家在碰撞时都发生过什么。

昂贵的原子钟

其实,有很多元素都适合制作原子钟,如氢、铯、铷等,其中以铯的应用最为普遍。但是制造原子钟需要相当特殊的设备,所以造价非常昂贵,因此原子钟非常少。如今世界上最精确的钟表是美国的 NIST F—1 原子钟,价值约为 65 万美元,在 2000 万年内,它既不会少 1 秒也不会多 1 秒。

🔺 左图为铯原子钟,右图为铷原子钟。

精密的原子钟

目前，世界上最准确的计时工具就是原子钟。原子钟是利用原子吸收或释放能量时发出的电磁波来计时的。由于这种电磁波非常稳定，它利用一系列精密的仪器进行控制，所以计时非常准确。它的精度可以达到每100万年才误差1秒。

◄ 世界上第一个原子钟是由美国国家物理实验室制造完成的,但这个钟需要一个房间的设备,所以实用性不强。

原子钟的用途

目前，世界各国都采用原子钟来产生和保持标准时间,然后,通过各种手段和媒介将时间信号送达用户,如电话网、互联网、卫星等。这一整个工序,叫"授时系统"。授时系统准确的时间信息为天文、航海、宇宙航行提供了强有力的保障。

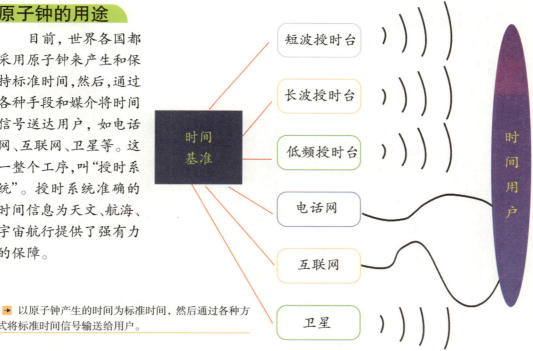

➤ 以原子钟产生的时间为标准时间,然后通过各种方式将标准时间信号输送给用户。

什么是北京时间

北京时间是我国的标准时间，授时中心在陕西。这里有一个钟组，由三台铯原子钟和两台氢原子钟组成，通过计算得出本地原子时，由此导出国家的标准时间——北京时间。

时 区

由于地球绕着太阳旋转，所以造成各地的时差。当有些地方是黑夜时，有的地方却是大白天；有的地方太阳刚下山，有的地方却是太阳刚刚升起。比如，当美国纽约正午时，澳洲的珀斯却进入子夜。这在科学发达的今天，给人们带来了许多不便。因此，世界被划分成了各个时区。

麦哲伦环球航行

1519—1522 年，麦哲伦在环球航行时，航行日记上准确地记着日期，他们深信自己是在 7 月 9 日回到祖国的，但是陆地上的人们却说这一天是 7 月 10 日，于是大家都很困惑，不知道日记记录的时间怎么会少了一天。

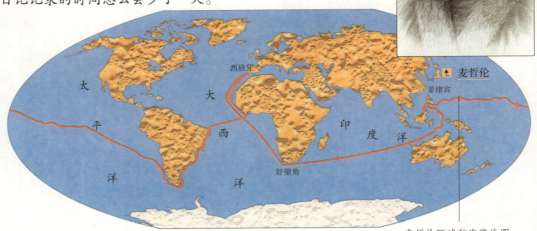

麦哲伦环球航海路线图

丢失的一天

麦哲伦环球航行丢失的那天究竟去了哪里呢？原来，因为麦哲伦的船队是朝西绕地球航行的，而地球本身不停地自西向东转动，这样，白天船队追着西移的太阳，夜晚船队又躲着上升的太阳。船在航行中延长了昼夜时间，每天长了约 1 分半钟，三年的航行，竟然凑足了一整天。

时间区域的划分

　　标准时区的界限就是连接两极的经线，在同一个时区内，大家拥有共同的时序。全球有 24 个时区，反映了一天的 24 个小时。由于地球一天要转 360 度的一个完整的圈，每个时区就有 15 度。

　　➡ 地球自转一周需要一天的时间，因为地球上经度不同的地方，"时间"有先有后。所以，国际上就在每个区域内都采用统一的时间标准。

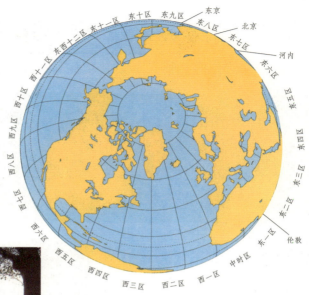

　　🔼 格林尼治钟表

世界协调时

　　设在巴黎的世界报时部同时向世界发布时间信号，即世界协调时。它使用原子钟发布信号，准确率达到毫秒。

格林尼治时间

　　如果对国际上某一重大事情，用地方时间来记录，就会感到复杂不便，而且容易搞错。因此天文学家就提出一个大家都能接受，而且又方便的记录方法，那就是以格林尼治的地方时间为标准。如今世界上发生的重大事件，都会以格林尼治的地方时间记录下来。

航海与时间

在茫茫的大海上,船员们是如何辨别自己所在的位置,才不至于使船只迷失方向呢?怎样才能成功地从一个地方出发到达另一个地方呢?这就需要用到时间。对于船员们来说,时间是确定航海位置的一种方法。

航海历险

17世纪以前,在一望无际的大海上,没有任何陆地标志让船员们确定位置,船员们便以白天的太阳和夜里的星星来寻找角度,来确定自己所在的方位。这样往往会因为很大的误差而造成船只迷失方向,甚至整条船被滔滔巨浪掀入海底。

▲ 哥伦布航海历经艰难险阻,终于成功抵达美洲大陆。

航海天文钟

1707年,一支英国舰队因误算经度而在大雾中触礁沉没,导致了2000人丧生的大惨剧。后来英国人约翰·哈里森制造出了一号天文钟和四号天文钟。这项发明非常精密,误差非常小,经过在海上的试验,取得了成功。从此远洋轮上普遍使用哈里森发明的天文钟。

▲ 哈里森的第一台航海钟 H1

▲ 哈里森的航海钟 H4

最初的经纬度线

两千多年前，亚历山大渡海东征。随军的地理学家凯尔库斯沿途搜集资料，他第一次在地图上画了一条纬度线，绘制了一幅"世界地图"。他发现沿着亚历山大东征的路线，由西向东，无论是季节变换还是日照长短都很相仿。

⬆ 亚历山大东征，地图发挥了重要作用。

星星和方位

在古代，船员们没有现代的设备，他们只能用其他办法来确定自己大概的地理位置。比如在晚上，船长可以通过观察一些特定的恒星来确定方向。因此在两个世纪以前，如果你要成为一个合格的船长，就要对星空非常熟悉。

时间与导航

现代确定经纬度的方法大大改变了航行的方法。如今海上航行大多使用电脑来接收地球轨道卫星所发出的信息。因为这些卫星的所在位置固定，电脑不会受限于白天或者晚上，随时都可以测知经线和纬线，找到船只所处的位置、方向或走向，确定方位。

⬇ 现在确定海上航行的方位，靠的是卫星发出的信息。

光年和时间

在宇宙航行中,宇航员无法使用地球上的时钟,他们需要特殊的计时器来测量与星球间宽广的距离。这时,他们要用到光速。宇航员可以由光速到达星球所需的时间来推算星球与星球间的距离,而光年则是最基本的计算单位。

光速是多少

科学家算出了光的速度,无论是什么颜色的光,或者是看不见的红外线或紫外线,它们的速度都是一样的,大约是每秒30万千米,因此我们可以由光运行的时间来推测距离。

遥远的星星

当你看着星空中的星星的时候,是不是觉得它们很近呢?实际上这些星星离我们很远很远,以那最亮的天狼星为例,如果你乘坐世界上飞得最快的飞机,需要花费七百多万年的时间,才能到达天狼星。

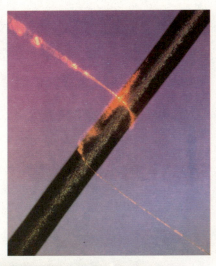
▲ 光传播的速度约为30万千米/秒

▼ 我们看到的夜空上的星星离我们很遥远

光年是什么

光年一般用来量度很大的距离,如太阳系跟另一恒星的距离。光年不是时间的单位,是长度单位,它指光在真空中一年时间内行走的距离,大约是10万亿千米。

光年这个距离单位非常大,但是它不是最大的距离单位,在天文学中还有衡量距离的更大的单位,叫作秒差,比如比邻星到地球大约是4.2光年,相当于1.33秒差。

星球及其与地球的距离(光年)

最明亮的星星	光年
天狼星	8.7
老人星	181
半人马座α星	4
大角星	36
织女星	25.3
牧夫座	46
猎户座β星	880
小犬星座	11
阿却尔纳星	114
半人马座β星	423
猎户座α星	586
牛郎星	16
金牛座α星	68
南十字座α星	261

织女星是天琴座最亮的恒星,距地球25.3光年;牵牛星到地球的距离有16光年,到织女星有16光年。但是随着地球的自转,到了农历每年七月七日前后,这两颗星星看起来好像凑在了一起,我国古代牛郎织女的传说就是从这里来的。

简单的表示

还是以天狼星为例,如果用千米来表示,那地球到天狼星的距离就是一段很长的数字,看起来不舒服,读起来也麻烦,但是用光年表示就好多了,它到地球的距离大约是8.7光年。

光年和历史

其实,光年是一种时光机器,如果你看到距我们200光年的星球,说明你所看到的光是200年前发出的星光。这是我们回顾历史的唯一方法,但也说明我们无法立即了解太空的现况,因为光还没有到达我们这里。

放射性测量时间

放射性是自然界中存在的一种自然现象。世界上一切物质都是由一种叫"原子"的微小粒子构成的，每个原子的中心有一个"原子核"。一些不稳定的原子核会发射各种各样的射线，科学家利用原子的这一特性——放射性，设计出了精密的原子钟，用来计算时间的变化。

什么是放射性

在自然界和人工生产的元素中，有一些能自动发生衰变，并放射出肉眼看不见的射线，这种现象就是人们常说的"放射性"，也叫衰变。在自然状态下，来自宇宙的射线和地球环境本身的放射性元素一般不会给生物带来危害。

居里夫人发现了放射性元素——镭

具有放射性的铀矿石

稳定的放射性

科学家们发现，如果一个元素具有放射性，那么只要它存在，无论是液态、固态或气态，也不管是这种单一的元素还是其他元素组成另外的化合物，它的放射性都不会受到影响。

半衰期是什么

　　放射性元素会慢慢衰变成其他元素,这种现象叫做衰变。当一个放射性元素衰变到只剩一半的时候,它需要花费一定的时间,这个时间就是半衰期。对于一种元素来说,它的半衰期是固定不变的,比如放射性元素铀238的半衰期就是45亿年。

部分放射性元素的半衰期

元素	半衰期
氡	3.8 天
镁-231	32760 年
镁-233	27 天
镭-226	1602 年
钍-230	75380 年
铀-235	7 亿年
铀-238	45 亿年

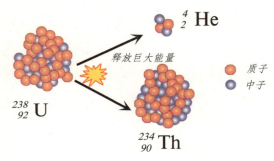

↑ 铀238核衰变成为更低的原子核,同时释放出氦原子核。

↑ 矿石中含有铀元素,可以推测岩石的生存年代。

铀和时间

　　铀是存在于自然界中的一种稀有化学元素,具有放射性。岩石中到处都有铀的踪迹,它会持续以一种缓慢的速度释放出放射性能量,即使是一块年代很久远的岩石,也可能还在释放放射性物质。因此科学家常用铀的这种特性来推测岩石的生存年代。

碳和时间

　　科学家发现,每种生物内都有一个放射性时钟在走动着,这个时钟就是"碳钟"。我们的身体与植物的组织都含有碳元素(碳也是煤的主要成分)。所以通过碳元素,人们可以测出死亡生物的年龄,比如尸体的存在时间,树木的生存年代等。

↑ 生物体中的放射性元素——碳元素可以用来计算时间。

什么是地质年代

地质年代就是把地壳全部历史划分成若干自然阶段或时期。地质年代能反映地质事件发生的时间和顺序。地质年代有相对地质年代和绝对地质年代之分。相对地质年代指各地质阶段的先后或早晚关系，类似人类历史中的朝代顺序；绝对地质年代指各地质阶段距今时间的远近，类似人类历史上的公元纪年。

地球的寿命

据推测，地球已存活了 46 亿年。但它到底能活多久呢？科学家们认为，如果任凭地球自由自在地运转，它可能会永远存在下去，但要是有外来因素干扰它，地球就可能有末日的那天。

漫长的地质年代

在漫长的地质历史中，地球上经历了一系列的地质事件，如生物的大规模兴盛与灭绝、强烈的构造运动、岩浆活动、海陆变迁等。地球的发展演变历史正是由这些在特定的年代发生的地质事件构成的。

⬆ 卫星上拍摄的美丽的地球

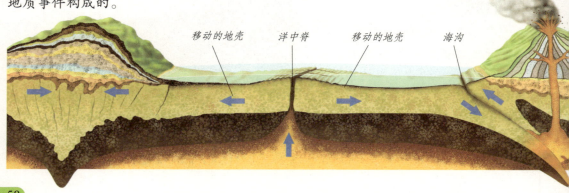

移动的地壳　　洋中脊　　移动的地壳　　海沟

测定地质年代

　　以前,人们对地球的年龄和地质事件发生的时间的测定估计的成分居多,得到的地球的实际年龄也有很大差别。目前,较常见也较准确的测年方法是放射性同位素法,这种方法可以获得比较理想的结果。

地质年代命名

　　地质学家也根据地球发展的特点,将地质年代划分成隐生宙的太古代、元古代,显生宙的古生代、中生代和新生代等2宙5代12纪。古生代分为寒武纪、奥陶纪、志留纪、泥盆纪、石炭纪和二叠纪,共六个纪;中生代分为三叠纪、侏罗纪和白垩纪,共三个纪;新生代只有第三纪和第四纪两个纪。

地下水带来矿物质取代了原始木质部分,树干变成化石

▲ 琥珀

沉没和埋葬

硅化木

活着的树

▲ 科学家采用测定岩石中放射性元素的残余和衰变产物的方法来推测地球的年龄

现在的地质年代

　　地球经历了很多个地质年代,直到今天还在经历新的地质年代。科学家规定,我们现在的地质年代为显生宙新生代第四纪全新世。

行星与时间

一天究竟有多长？地球上的一天大约是 24 小时,但是地球上的时间容易受其他因素影响,例如:冰河时期的出现与消失及潮汐涨落都会影响地球的运转。如果我们比较地球与其他行星一天的长短,你就会发现"地球日"与"地球年"在其他星球上并不适用。

"年份"各不同的行星

太阳系有八大行星,各个行星的"年份"也各不相同。比如,地球上一年有 365 天,一天有 24 小时,而水星上一昼夜的时间,相当于地球的 176 天。

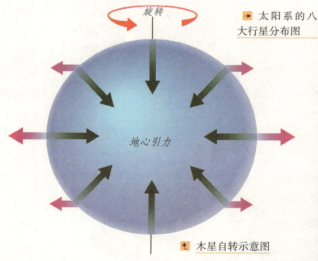

旋转

地心引力

➡ 太阳系的八大行星分布图

⬆ 木星自转示意图

海王星

天王星

土星

行星上的一天

太阳系八大行星上的"一天"长度各不相同,因为每个行星的自转速度各有快慢。其中,木星最快,十小时内,可以转一圈。水星最慢,自转需要 59 个"地球天"。因此,每个行星一天的时间都不同。

行星上的一年

行星的一年也各不相同，这要看它们绕太阳一周所需的时间长短而定。海王星是太阳系中的外围行星之一，海王星的一年是地球上的 164 年。水星上的一年是地球上的 88 天，水星上的一天比一年的时间还要长。

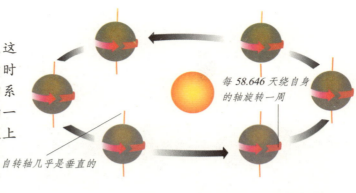

每 58.646 天绕自身的轴旋转一周

自转轴几乎是垂直的

不断增长的日长

地球越转越慢了，大约五亿年前，地球自转一周需要 20 小时，如今却需要 24 小时多。以此速度类推，等到两亿年后，地球自转一周约需 25 小时。

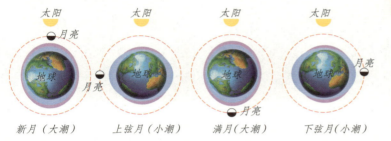

太阳　　月亮　　地球　　新月（大潮）

太阳　　地球　　月亮　　上弦月（小潮）

太阳　　地球　　月亮　　满月（大潮）

太阳　　地球　　月亮　　下弦月（小潮）

月亮的引力引起了地球上的潮汐，而潮汐摩擦是引起地球自转长期减慢的原因。

太阳　水星　金星　木星　地球　火星

最长的时间

> 我们今天所有的时间以及逝去的时间都起始于一个点，也终结于一个点。宇宙在 137 亿年前诞生于一个能量无限大的点，这个点的爆炸迅速释放出了空间和时间。我们所能知道的最长的时间也仅仅起始于那个点，而科学家估计，当宇宙走到晚年的时候它会重新收缩到那个开始的点，一切的时间和空间都会终结在那个开始的地方。

大爆炸论

大爆炸是解释宇宙起源的一种理论。这一理论认为，宇宙的所有物质都曾经聚在一起，大约在 137 亿年前发生了一次大爆炸，才把这个巨大球体炸得四分五裂，飞向四方，从此以后，才开始有了"时间"。经过数十亿年的积累变化，形成了我们今天看见的星系、恒星和行星。

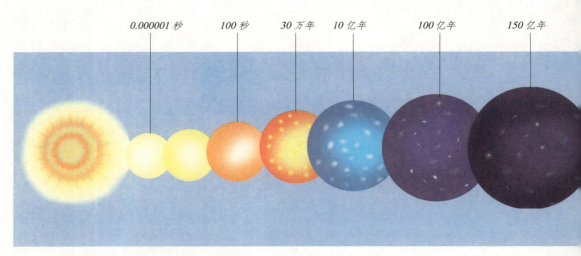

| 0.000001 秒 | 100 秒 | 30 万年 | 10 亿年 | 100 亿年 | 150 亿年 |

宇宙大爆炸　　　粒子的形成　　原子核的形成　原子的形成　星系的形成　　太阳系的形成　　今日的宇宙

银河系

银河系是地球和太阳所属的星系。银河系是由星球及行星集结而成，从地球上来看，银河系就像是一个发光的磁碟。银河系内的主要星球大约形成于 120 亿年前。

据统计，现在我们发现的宇宙区域中大约有 1000 亿个星系。

↑ 我们肉眼看见的所有恒星，以及许许多多肉眼看不见的恒星，包括我们的太阳和太阳系在内，都属于一个巨大的恒星系统，即银河系。

陨石带来的信息

陨石是一些漂浮在太空中的碎石块。科学家发现，自从所有行星形成后，这些陨石就很少再发生任何变化。有些陨石会掉落在地球表面，科学家可以推测出它们大约已有 46 亿年的历史，与地球形成的时间相同，它们很可能是由大量的岩石及浮尘结合而成的。

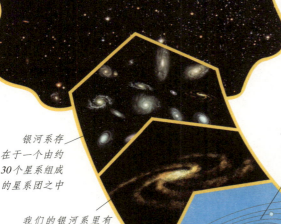

银河系存在于一个由约 30 个星系组成的星系团之中

我们的银河系里有几千亿颗恒星，太阳就是其中之一。

地球是太阳系中的一员，位于第三位。

人类繁衍的年代和宇宙年龄相比，只是一瞬间。

宇宙的年龄

与其他星球相比，地球是宇宙里最年轻的一个，因为宇宙生成的时间久远得几乎让人无法考证，它经过漫长的年代的变化才形成了目前我们所知道的这些星体。

人类生活在地球这颗行星上

图书在版编目（CIP）数据

科学在你身边. 时间/ 畲田主编. —长春：北方妇女儿童出版社，2008.10

ISBN 978-7-5385-3517-4

Ⅰ. 科… Ⅱ. 畲… Ⅲ. ①科学知识–普及读物②时间–普及读物 Ⅳ. Z228　P19-49

中国版本图书馆 CIP 数据核字（2008）第 137223 号

出版人：李文学

策　划：李文学　刘　刚

科学在你身边

时 间

主　　编：畲　田

图文编排：赵小玲　张艳玲

装帧设计：付红涛

责任编辑：张晓峰　于德北

出版发行：北方妇女儿童出版社

（长春市人民大街 4646 号　电话：0431-85640624）

印　　刷：三河宏凯彩印包装有限公司

开　　本：787×1092　16 开

印　　张：4

字　　数：80 千

版　　次：2011 年 7 月第 3 版

印　　次：2017 年 1 月第 5 次印刷

书　　号：ISBN 978-7-5385-3517-4

定　　价：12.00 元